未来
建筑师练习册

The Future
Architect's
Tool Kit

〔美〕芭芭拉·贝克 著绘

秋千童书 译

图书在版编目（CIP）数据

未来建筑师练习册/（美）芭芭拉·贝克著绘；秋千童书译. -- 北京 ：中国妇女出版社，2020.9
（未来建筑师工具箱）
书名原文：The Future Architect's Tool Kit
ISBN 978-7-5127-1888-3

Ⅰ．①未… Ⅱ．①芭… ②秋… Ⅲ．①建筑工程－少儿读物 Ⅳ．①TU-49

中国版本图书馆CIP数据核字(2020)第151457号

The Future Architect's Tool Kit
Copyright © 2016 by Barbara Beck
Published by Schiffer Publishing, Ltd.
4880 Lower Valley Road, Atglen, PA 19310
Phone: (610) 593-1777; Fax: (610) 593-2002
Email: info@schifferbooks.com
The simplified Chinese translation rights arranged through Rightol Media
（本书中文简体版权经由锐拓传媒旗下小锐取得 Email:copyright@rightol.com）

著作权合同登记号　图字：01-2020-4107

未来建筑师工具箱——未来建筑师练习册

作　　者：	〔美〕 芭芭拉·贝克 著绘 秋千童书 译
责任编辑：	应 莹 张 于
封面设计：	秋千童书设计中心
责任印制：	王卫东
出版发行：	中国妇女出版社
地　　址：	北京市东城区史家胡同甲24号　邮政编码：100010
电　　话：	（010）65133160（发行部）　65133161（邮购）
网　　址：	www.womenbooks.cn
法律顾问：	北京市道可特律师事务所
经　　销：	各地新华书店
印　　刷：	北京启航东方印刷有限公司
开　　本：	222×253　1/12
印　　张：	9
字　　数：	50千字
版　　次：	2020年9月第1版
印　　次：	2020年9月第1次
书　　号：	ISBN 978-7-5127-1888-3
定　　价：	159.00元（全二册）

致　谢

感谢我的丈夫理查德·康普顿；

感谢我的朋友琼·约翰逊·罗斯，她同样也是一名建筑师；

最后感谢亚伦·诺瓦克，他是本书主人公的灵感来源。

房子是我们工作、娱乐以及学习的地方。

房子为我们遮风挡雨，房子是我们居住的地方。

建筑学是建筑的艺术与科学。其中，建筑艺术指的是使房屋内外具有吸引力，赏心悦目的实用艺术；而建筑科学研究的是房子究竟是怎么搭建起来的科学。

建筑师是接受过建筑学专业训练并通过建筑师资格考试的专业人士。

英语"architect"（建筑师）这个词来源于希腊语"architektón"，它是由"arkhos"（第一）和"tektón"（工匠）两个词根组成的，建筑师是负责设计整个建筑的人。一座建筑是什么样子的，它有什么用途，怎样使它和周围的环境协调，这些都是建筑师要考虑的。建筑师负责设计图纸，即建造房屋所参照的图样。

在《未来建筑师手册》里，我们已经了解了建筑师亚伦的房子的图纸。而在《未来建筑师练习册》里，我们将学习为自己的房子设计图纸。同时，你还会见到一批客户，他们也想请你帮忙设计房子。

这本书也对建筑工具箱进行了介绍，也就是亚伦用的那个箱子。有了它，你可以画出各种各样的建筑图纸。

附录部分包含很多你在设计图纸时将会用到的建筑元素，还有一张图样，它可以用作建造亚伦家房子的模型。

现在，一起来设计吧！

目　录

现在，一起来设计吧!

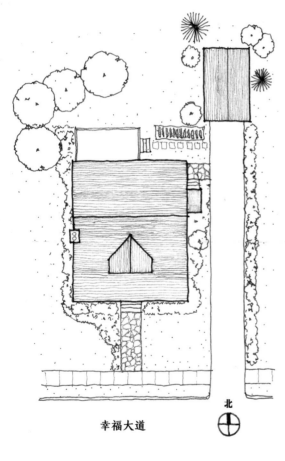

幸福大道

北

总平面图

露天平台

餐厅

厨房

客厅

卫生间

卧室

门廊

建筑平面图

世界各地的每一位建筑师都会设计图纸来用作建筑参考。这些图纸包括总平面图、建筑平面图、剖面图以及立面图。

剖面图   **立面图**

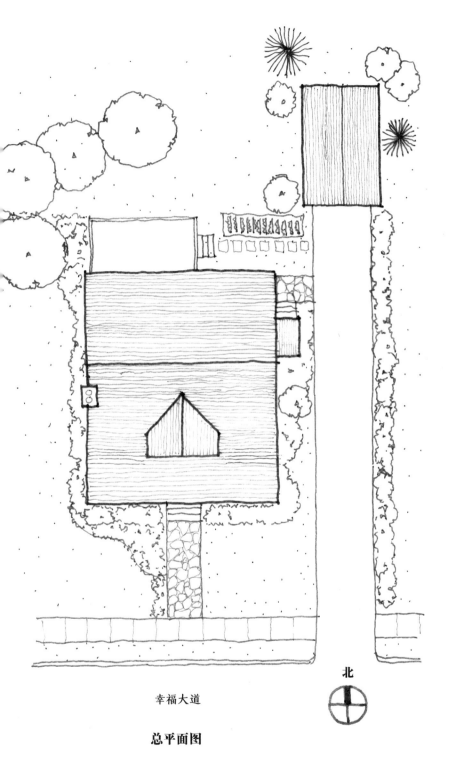

建筑场地指的是房子以及房子周边的区域。总平面图呈现的是鸟儿在空中看到的景象。

鸟儿飞到亚伦家上空，会看到他家房子和车库的屋顶。如果飞得低一些，鸟儿会看到亚伦家的露天平台、菜园以及房前的街道。这只鸟儿还有可能看到亚伦的狗阿尔特弥斯站在前院。但是阿尔特弥斯并不会出现在总平面图中，因为总平面图只呈现固定在建筑场地上的物体。

幸福大道

北

总平面图

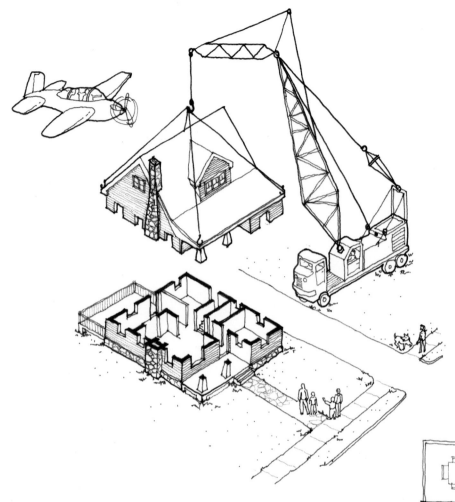

和总平面图一样，建筑平面图也是自上而下看到的景象。如果沿着水平方向把房子切开，然后借助一个起重机吊走房子的上半部分，最后坐飞机飞到屋顶上方往下看，我们看到的就是建筑平面图。

总平面图与建筑平面图之间最大的区别就是图纸上房子的大小。总平面图展示的是房屋、院落的整体布局，包括房子，但是房子却不是主要的焦点。而建筑平面图展示的是房子以及房间、门窗的布局，而不是房子周围的环境。建筑平面图上的房子更大，有助于看清细节。

一个房子可能只有一张建筑平面图，也可能有十张！这取决于房子的楼层有多少。

建筑平面图

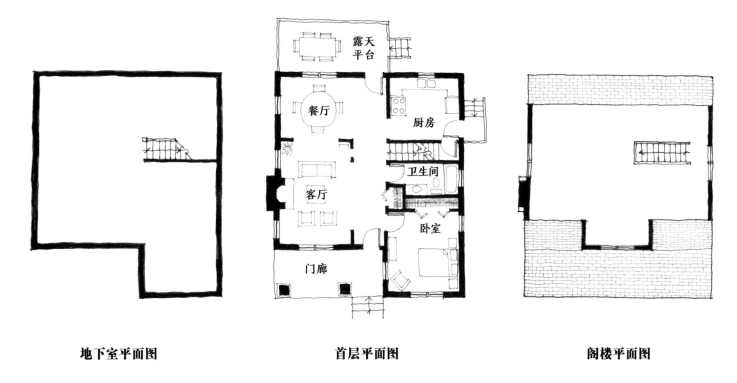

地下室平面图　　　　　　　　**首层平面图**　　　　　　　　**阁楼平面图**

　　建筑平面图好比一沓扑克牌。亚伦家的房子有一个地下室、一层主楼和一个阁楼。地下室平面图好比最底下的那张牌，首层平面图在它上面，而这沓扑克牌最上面的一张是阁楼平面图。

　　亚伦家的总平面图展示了他家房子屋顶的样子。如果总平面图只显示房子的轮廓，亚伦就需要单独设计一张屋顶平面图了。

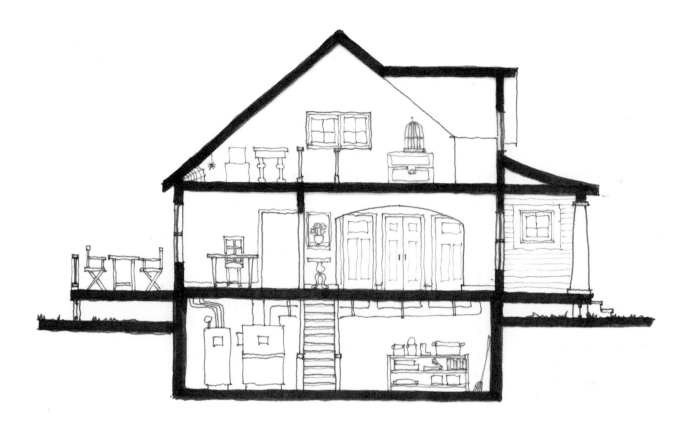

剖面图

　　建筑平面图是自上而下的俯视图，而剖面图是将房子从屋顶到地面垂直切开后，呈现的各个楼层的景象，犹如我们看到的玩具屋里面的样子（见右图）。

　　剖面图帮助我们了解房子内部的样子：房子有多高，它的结构是怎样的。

　　确定完房子的内部构造，接下来需要设计它的外观，这时就该画立面图了。

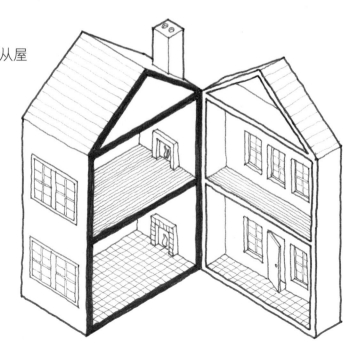

南立面图

　　建筑物的正面有时也被称为facade。facade的读音很像是英文单词"face"（脸）。就像画家画你的肖像时会画你的脸一样，建筑师也会画房子的"脸"，这就是立面图。你无法改变眼睛、鼻子、嘴巴的位置，但建筑师可以通过立面图重新安排建筑物"脸"的特征，让它们更引人注目。

　　通常情况下，一个房子有四张立面图。根据方向不同，分别名为南立面图、北立面图、西立面图和东立面图。当然你也可以把它们叫作正立面图、背立面图、侧立面图。亚伦家房子正面的立面图朝向为南，所以我们可以称其为正立面图或南立面图。

　　如果建筑物的某一侧对着一些特殊的自然景观，比如大海，那么这张立面图也可以称为海景正立面图。无论如何命名，一定要具体。

在电脑绘图出现之前，建筑师的图纸都是手工绘制的。

他们会用到铅笔、钢笔、橡皮、纸张以及建筑师最常用的工具——丁字尺。显而易见，之所以叫丁字尺，因为它长得像汉字"丁"。

借助丁字尺，建筑师便能画出直直的水平线。还有一个工具，叫三角尺，把它的直角边贴在丁字尺的一条边上，建筑师就可以画出垂直线。你能从左页的图中找出丁字尺和三角尺吗？

而现在，大多数建筑师都用电脑绘制图纸。相对于制图桌，电脑更节约空间，电子图纸也更干净利索（没有铅笔涂改的痕迹）、更环保（不需要使用大量图纸），而且绘图需要的唯一设备就是电脑。

和其他建筑师一样，亚伦也用电脑绘制图纸。但有时，他也喜欢手绘。如果他不想用丁字尺或者三角尺，就借助特别的绘图纸来画出直线。

在你的工具箱里有铅笔，还有亚伦用的那种特殊绘图纸，即坐标纸。纸上的网格可以帮助你画出直线，更重要的是，还可以帮你按比例画图。

你还记得比例尺吗？比例尺是用来帮助画图的，它指的是图上距离与实际距离的比值。有了比例尺，建筑师就可以将一座大房子按一定的比例缩小，画在一张图纸上。

坐标纸上布满了小方格，每个小方格的边长都是1/4英寸（1英寸约为2.5厘米），它代表实际1英尺（1英尺约为30.5厘米）的长度。大多数住宅建筑平面图都是用这个比例尺画出来的。当然，借助坐标纸，还可以画剖面图和立面图。是不是很神奇？

但是如果没有坐标纸，该怎么画出房子的图纸呢？用另外一种常用的工具，可以让你在任何纸上都能绘图，那就是比例尺（见下图）。

在你的工具箱里，还有一把双面比例尺。它上面有4个比例尺可供选择，尺子每面有2个刻度：1/8英寸，1/4英寸，1/2英寸和1英寸。

亚伦的总平面图和建筑平面图上显示的房子大小不同，因为他采用了不同的比例尺。他画建筑平面图时，用的比例尺是1/4英寸，而绘制总平面图时，用的图纸与建筑平面图的一样大，为了把房子和院子里的其他细节都画上，他用了更小的比例尺。

请记住：在同样大的画面上，比例尺越大，表示的范围越小；反之，比例尺越小，表示的范围越大。

认识完设计工具，接下来就开始我们的设计吧！

做设计既需要解决问题，又需要有创造力。它既包含设计过程，也包含期望的结果。我们期望的结果是一座房子，可能跟亚伦的房子很像，也可能截然不同，而决定最终结果的是设计的过程。

在《未来建筑师手册》里，你已经了解了设计中很重要的一方面：尊重房子、院落所在的环境，包括地形、植被、气候以及房产用地上各个元素的朝向问题。

在冬季，树叶凋零，温暖的阳光能照进窗子朝南的房间。树木还能给鸟儿提供安家落户的地方。

如果你的家在多山的丘陵地带，那么把房子建在山顶上可以让你看到美丽的景色，感受夏天的微风，或是给你居高临下的感觉。

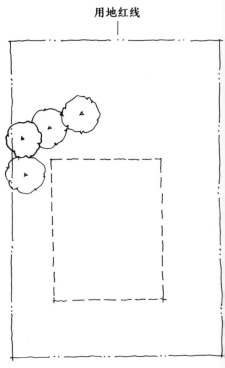

用地红线

而把房子建在山谷里，可以保护我们少受冬天寒风的侵袭。

这些因素都会影响我们在房子中的生活，也会影响我们的心情。

设计中还需要注意的一个方面就是遵守规则。我们都想按自己的想法建房子，却不总是能实现。大多数城市都有自己的建筑规范，即哪些建筑可以建、哪些不能建的规则。这些规则既适用于摩天大楼，也适用于房屋。

在亚伦所在的社区，建筑规范规定了房子四周与用地红线的距离，这段距离被称为建筑后退红线距离。右上方的图纸，外围的虚线就是亚伦家的用地红线，而内部的虚线就是当地规定他能建房子的范围。

你看，建筑规范就是这样影响亚伦设计总平面图的。

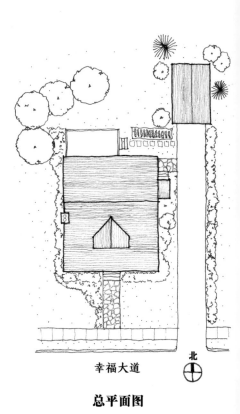

幸福大道　　北

总平面图

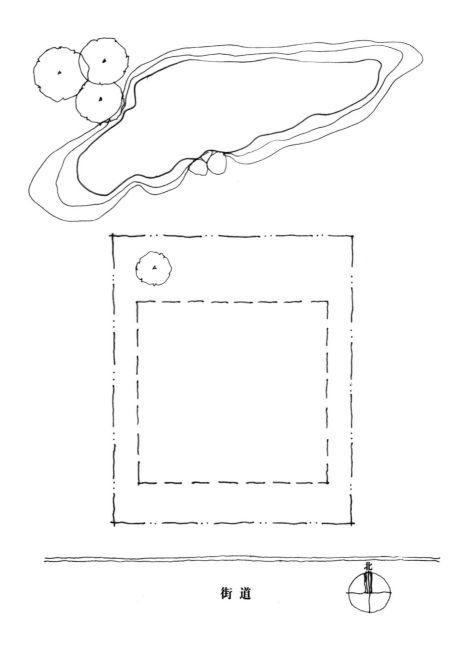

街 道

北

　　现在是时候开始你的设计了！我们将一步一步来完成整个过程。

　　设想一下，现在你有一块接近长方形的地。这块地基本上是平的，只在北面有个缓坡。它南北长35英尺，东西宽30英尺，南面毗邻一条安静的街道。邻里街坊经常会穿过你家的院子去附近商店购物。东边和西边的邻居家都是两层住宅。这里的气候冬天寒冷，夏天炎热。你家院子里有一棵高大的枫树，俯瞰着一个公园。公园里有一个湖，附近的孩子经常在湖边玩模型船。

根据以上描述，参考之前的图示，在工具箱里的坐标纸上画出你的房子轮廓。记住，每个小方格的边长表示实际长度1英尺。

　　下面给你一个提示：房子的北面应朝着图纸的上方。这一点很容易记住，想一想世界地图，北极就在地图的最上方。不过为了指示清楚，要画一个指示北方的标记（见下图）。

 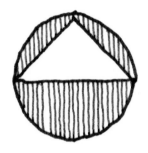 

　　根据建筑规范，你的房子需要距离街道5英尺，房子后方（北）需要距离用地红线8英尺，房子与左右两边的用地红线保持3英尺的距离。建筑后退红线距离决定了房子的轮廓，也决定了房子占的面积。就像你的脚会盖住脚下的地那样，房子也会。

　　现在你就可以确定好房子外墙的范围了。

　　如果你打开一扇门，站在门口看两侧的墙壁，就可以看到它的厚度。墙是房子的重要组成部分，它不仅用于围住并保护房子内部，还可以作为结构的一部分支撑整个房子屹立不倒。

　　你还记得什么是结构吗？它好比人的骨骼，可以撑起房子，使它不因太重而倒塌，也不因强风和地震而受损。

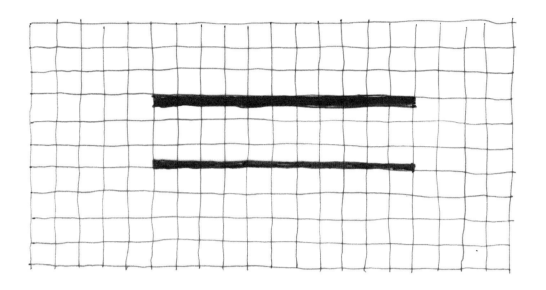

砌墙的材料一般有木头、钢铁、混凝土等，你的图纸必须要标明具体的材料。粗线条表示外墙厚度（6英寸）；内墙（3英寸）因为更薄，可以用细线条表示。上图分别是6英寸和3英寸的墙在平面图上的样子。

接下来让我们走进房子内部，设计建筑平面图。如果你不知道有些东西怎么画，你可以看看附录，那里有标准的建筑符号。

当开始做一个新的设计时，你可能有点儿害怕，大概只是因为你不知从何做起。建筑师有时也会有同样的感受，因此他们会用气泡图来帮忙。

气泡图中的每个泡泡或圆圈，都代表一个房间。泡泡的大小表示房间的重要性——泡泡越大，房间越重要。

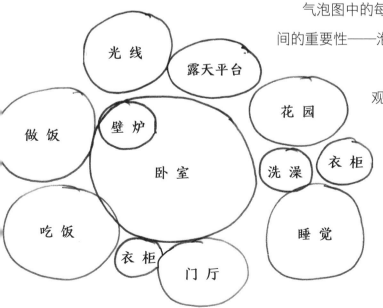

泡泡也可以表示其他东西。比如，它可以表示一处景观或一个想法。它可以表示"我需要太阳能"或者"我喜欢古堡"，再或者"我的卧室必须是橙色的"。

排列泡泡可以帮助我们确定各个房间的最佳位置。泡泡图常常会转化为我们的建筑平面图。

想一想你在家里都需要些什么？你可能需要一个做饭的地方，一个吃饭的地方，还有一个睡觉的地方。你可能还需要一些地方做些别的事情。

你喜欢玩游戏吗？

你喜欢跳舞吗？

你的兴趣爱好决定了你家房间的大小和布局。你的房子可能只需要一个房间就足够了，也可能需要很多个房间。

你希望你家房门开在哪里。你想从哪里进入房子，怎样进入房子。然后再想象一下，你想从哪里离开房子，怎样离开房子。

想象一下光照和景色——附近的公园，邻里街坊，以及大窗户和小窗户。想一想在你现在住的房子里，你最喜欢的是什么，最不喜欢的又是什么？有些房间或者空间有标准的尺寸。比如绝大多数门厅和门都大约是3英尺宽。一般来说，客厅会比卧室更大，而卧室会比卫生间大。当然了，也不是非得这样。

人们对大小不同的空间有着不同的感觉。想象一下待在一个又暗又小的柜子里的感觉。再想象一下，你站在一座哥特式建筑里，这里有高高的天花板和彩色玻璃窗。对比一下这两种不同的感觉。

房间内光线的强弱会影响人们的心情，所以在设计建筑平面图时，别忘了留出门和窗户的位置。它们的位置也可以帮你判断还有多少墙壁空间可以用于艺术装饰、放置家具或支撑结构。

如果你设计的房子有两层楼，那么你需要画一个楼梯或者一部电梯把两层楼连接起来（也可能电梯和楼梯都需要）。你画的楼梯也是连接两张建筑平面图的通道，因此它们在图上的位置应该是对应的。可以把楼梯看成垂直的门厅，楼梯的宽度一般也是3英尺，和门厅的一样。下面是楼梯的几种常见画法。

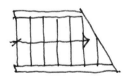 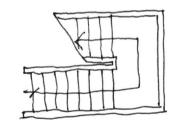 

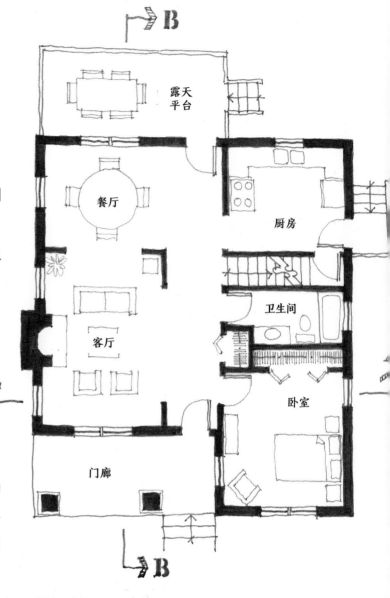

建筑平面图

画好满意的建筑平面图之后，你就可以开始画剖面图了。这时无须要求自己的建筑平面图多么完美。事实上，一边绘制剖面图，一边修改建筑平面图可以帮你同时把两张图设计得更好。

画剖面图之前，要先确定将建筑剖开的位置。确定后在建筑平面图的相应位置标出一条短线（如图）。接下来，确定看向建筑的方向，看向哪个方向就用箭头指向哪个方向。如果你要画不止一张剖面图，那就需要用字母A和B等来区分。看看本页右上方的图，你可能更容易明白。

把你的建筑平面图放在一张新坐标纸旁边，借助网格中的直线，在这张新纸上选择适当的位置画第一条水平线，它的长度就是剖面的宽度。这条线表示的就是底层的地板。

和墙壁一样，楼板也是房屋结构的组成部分。楼板是用横梁（横向的梁）、龙骨（像骨架一样支撑楼板的结构）和楼板板材（用来铺每层楼地面的标准大小的材料板）铺出来的。假设你家楼板厚度为12英寸（1英尺），那么这条线下面的那行方格就是你家的楼板，请参照下一页的示意图把它画出来。现在在楼板的一端画第一条垂线，假设外墙的厚度为6英寸，那么它在图上应该占半个格子。在地板的另一端画一条相同粗细的垂线。这两条垂线就是你家的外墙。

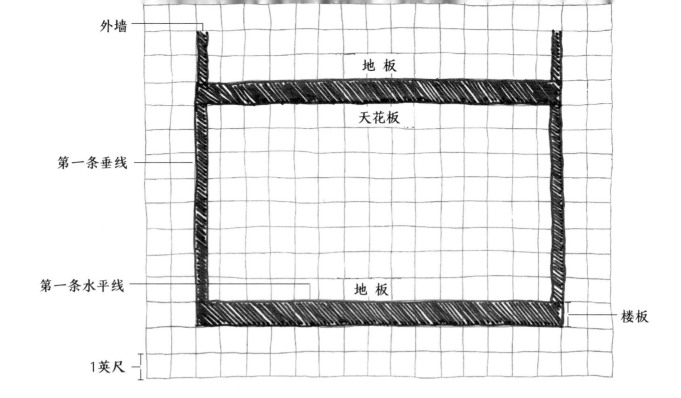

外墙

地 板

天花板

第一条垂线

第一条水平线

地 板

楼板

1英尺

大多数房子的室内高度为8英尺，但有的房子室内高度更高。从地板的位置向上数8个格子，按照前面的方法，画出上一层的楼板。你画出来的图应该和上图差不多。

如果你画的天花板高度为10英尺，那么站在屋里的感觉会有什么不同呢？如果天花板的高度为6英尺呢？

现在你已经画好了房子的两层——地下室和一楼或者说是一楼和二楼。如果你的房子有三层楼或者更高，那就重复刚才的绘制过程就行了。

请注意，每层楼的高度决定了房子的高度。一般情况下，建筑规范会限制房子的高度。但是如果你家所在地区的建筑规范并没有相关限制，你可以根据自己的意愿，既可以建得很高，也可以往地下建得很深。但是请记住，房子不是飘浮在空中的，所以你得把地面画成一条粗线来支撑你的房子。

你希望你的房子的屋顶是什么样的？是双坡式屋顶、四坡式屋顶，还是复折式屋顶？这三种屋顶在剖面图中的样子如左图的下半部分所示。

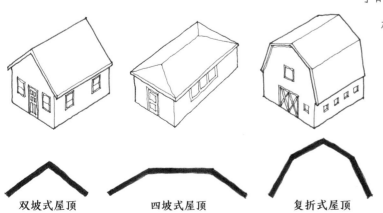

双坡式屋顶　　　　四坡式屋顶　　　　复折式屋顶

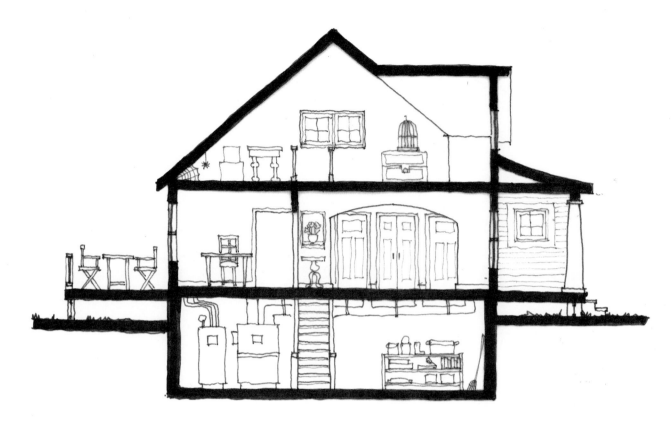

剖面图B

现在，你已经完成了剖面图。你的剖面图和亚伦家的相似，还是迥然不同？

这时，重新拿出一张坐标纸，照着剖面图的样子，画出房子的轮廓，它就是立面图的轮廓。

根据建筑平面图上门窗的位置，把它们在立面图相应的位置上画下来。如果你不喜欢它们组合在一起的样子，可以重新设计。建筑师们也经常更改设计，只要修改之后，建筑平面图和立面图是一致的就行了。

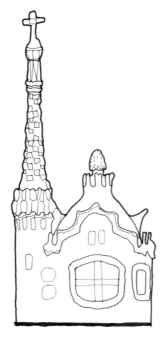

现在的很多房子看起来很像过去的建筑。

观察上面三种建筑的门或窗的区别。左边的新古典主义风格的房子看起来像古希腊建筑；而最右边的现代风格的房子窗户很大，强调了视野的重要性。你可以选择其中任意一种风格，或者创造自己的风格。总之，设计风格没有好坏之分。

<table>
<tr><td></td><td>第四章</td></tr>
<tr><td></td><td>搭建模型</td></tr>
</table>

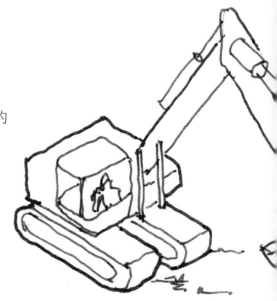

　　在《未来建筑师手册》中，建筑师亚伦请了一支施工队来建造他的
房子。他们先挖坑建地下室，浇筑了混凝土基础墙，然后在上面
盖了房子。

　　但在开始建造之前，亚伦就迫切地想知道房子的立体造型
是什么样子，所以他做了一个模型。你可以用他的方法来做自
己房子的模型。

　　你需要的工具和材料有：比例尺，剪刀，胶带或胶水，充当墙壁
和屋顶的薄硬纸板，充当房子基底的厚硬纸板。如果想要找硬纸板，纸板箱
是比较好的选择。

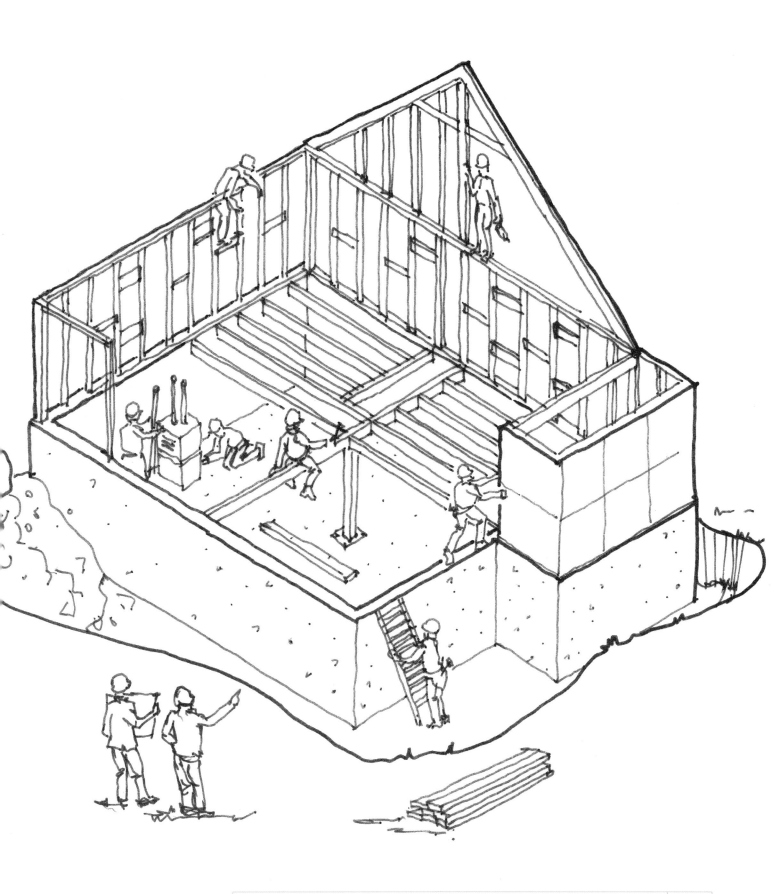

除了用剪刀剪，你还可以用美工刀来
裁硬纸板。但是你需要一把金属尺子来辅助
你裁出直线。千万不要使用木尺子，你的美工刀可能
划过木尺子边缘并割伤你的手指。也不要用比例尺，以
免美工刀划坏比例尺！此外，你还需要一个垫板，这样你就
不会在家具上面留下划痕，惹父母生气了。最后一定要记住，裁剪时，
剪子和刀的前进方向不要朝着手指。

在制作开始之前，用另一张纸把你的建筑平面图和立面图描摹下
来，或者复印一份。这样如果你还需要用它，就无须再画一遍了，
因为你还有一份设计图的副本。

第一步：准备好一块硬纸板作为模型的底座。剪下
建筑平面图，用胶带或胶水把它粘在底座居中的位
置上（见右图）。

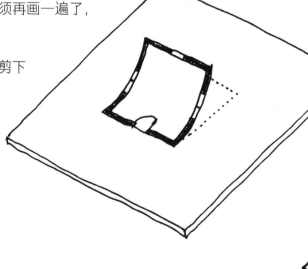

第二步：剪下立面图，把它的背面涂上胶
水，粘在薄硬纸板上。接下来，有两种操作方法
可供选择。

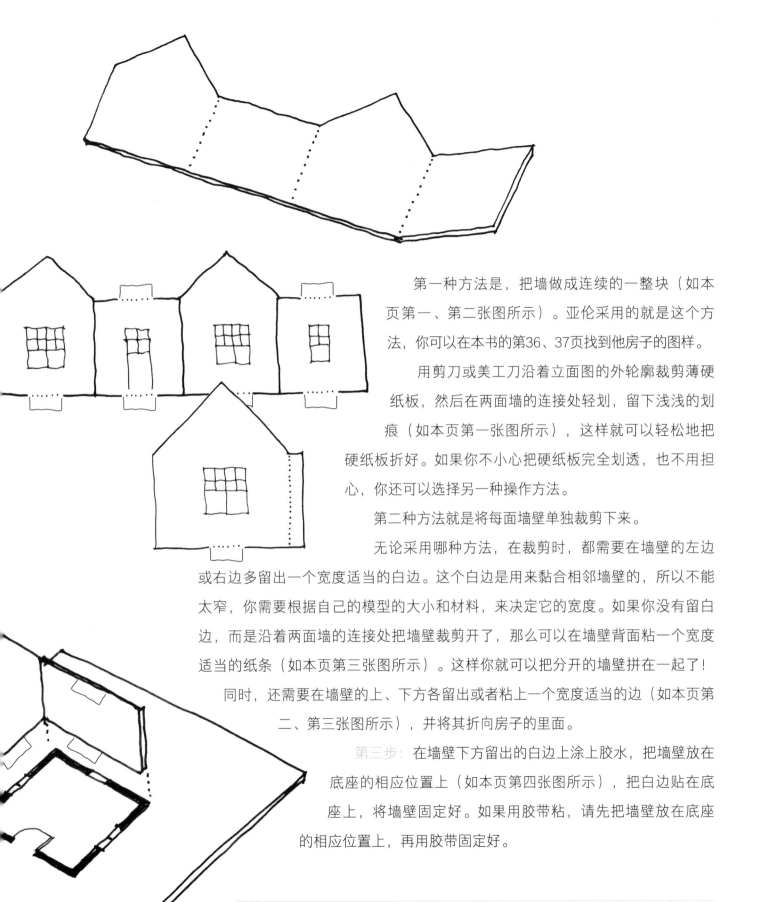

第一种方法是，把墙做成连续的一整块（如本页第一、第二张图所示）。亚伦采用的就是这个方法，你可以在本书的第36、37页找到他房子的图样。

用剪刀或美工刀沿着立面图的外轮廓裁剪薄硬纸板，然后在两面墙的连接处轻划，留下浅浅的划痕（如本页第一张图所示），这样就可以轻松地把硬纸板折好。如果你不小心把硬纸板完全划透，也不用担心，你还可以选择另一种操作方法。

第二种方法就是将每面墙壁单独裁剪下来。

无论采用哪种方法，在裁剪时，都需要在墙壁的左边或右边多留出一个宽度适当的白边。这个白边是用来黏合相邻墙壁的，所以不能太窄，你需要根据自己的模型的大小和材料，来决定它的宽度。如果你没有留白边，而是沿着两面墙的连接处把墙壁裁剪开了，那么可以在墙壁背面粘一个宽度适当的纸条（如本页第三张图所示）。这样你就可以把分开的墙壁拼在一起了！

同时，还需要在墙壁的上、下方各留出或者粘上一个宽度适当的边（如本页第二、第三张图所示），并将其折向房子的里面。

第三步：在墙壁下方留出的白边上涂上胶水，把墙壁放在底座的相应位置上（如本页第四张图所示），把白边贴在底座上，将墙壁固定好。如果用胶带粘，请先把墙壁放在底座的相应位置上，再用胶带固定好。

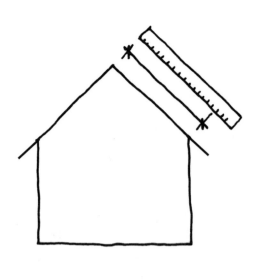

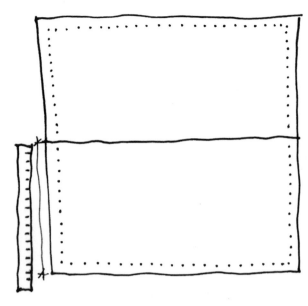

第四步：在硬纸板上画好屋顶，裁剪下来，粘在墙壁上。

假设你的屋顶和亚伦家的一样，也是双坡式屋顶，需要进行如下的操作：首先，测出屋顶的一条斜边的长度，再加上屋檐的适当长度，在硬纸板上标上这个尺寸（如上图所示）。接着确定屋脊的长度（如右图所示），并在硬纸板上标好。这样你就画出一面屋顶了。用相同的方法，再画出另一面屋顶。最后，把画好的屋顶裁剪下来，用胶水或胶带将它与墙壁上方留出的白边粘在一起，固定好。

完成以上四步，房子的模型就完成了！最后，在硬纸板底座上确定树木以及人行道的位置，这样就可以看出你家房子与周围的环境是否和谐了。你觉得这个模型怎么样？

做模型不一定非得用硬纸板。你也可以收集一些可回收材料，比如易拉罐、塑料瓶、纸、绳子、箔纸或者鸡蛋盒，用这些材料做一个模型。不要受材料的限制，大胆发挥你的想象力吧！

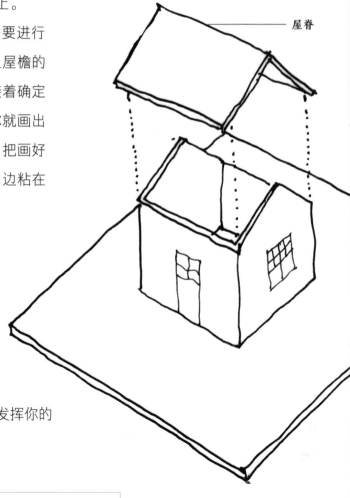

屋脊

大多数建筑都是因为客户的需求才建造的。客户聘用建筑师，请他们设计符合自己特殊需求的建筑。这些客户可能是一个人，比如房子的主人；也可能是一个机构，比如学校、图书馆以及教堂等。客户决定建筑为谁而建和用来做什么。事实上，客户对建筑物外观的决定作用几乎和建筑师一样大。

现在，你就是一名大名鼎鼎的建筑师！下面名单中列举的全是慕名而来的客户，他们希望你为他们设计房子。

拿上你的工具箱，回想你在这本书以及《未来建筑师手册》里学到的知识技能，根据客户的特殊需求，开始为他们设计房子吧！从泡泡图开始，然后设计建筑平面图。有了满意的平面图方案以后，你可以设计剖面图和立面图，甚至还可以做一个模型。

请记得提醒自己：图纸是为客户设计的。本书30页、31页中有各种各样的客户，如果你的客户没出现在这两页里，你可以给他画一张画像，设计图纸的时候，把他的画像放在旁边。它会时刻提醒你要设计出令客户满意的作品。只有客户满意了，建筑师的工作才是成功的。

列出客户所有的需求——睡觉、娱乐、吃饭……不仅如此，你还得考虑到客户的性格特点以及兴趣爱好——画画、做饭、玩……你的设计需要满足客户的这些特殊需求。如果客户喜欢花儿，你可以提议设计一个朝向花园的大窗户。如果客户喜欢水，你就要考虑设计游泳池或者大浴缸。

不要担心建筑规范的问题，因为你的客户居住的地方没有相关规定！

现在快来会见你的客户吧！他们的个人信息如下：

一个友善的巨人，但他自认为是霍比特人；

一只喜欢看电视的海豚；

一条喜欢做饭的、只吃素食的鳄鱼；

一位航天员，他总是不愿意脱下宇航服，这让他的妻子很生气；

一只坐"轮椅"的狗，它喜欢玩足球；

一名游泳爱好者，他想要一个能带到海边的便携更衣室；

一个音乐之家：爸爸、妈妈以及他们的12个孩子，他们周游全国，以音乐表演为生；

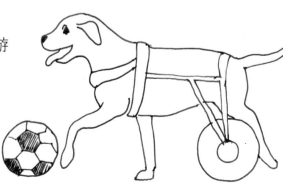

一名巫师和他的猫头鹰；

一头喜欢读书的霸王龙；

一名来自中世纪的骑士，还有他的马；

一名骑士的侍从，他每天都要擦亮骑士的盔甲；

一位性格古怪的百万富翁，他想要住进游乐园；

一个酷爱圆顶冰屋的因纽特人，但他痛恨冬天，正要搬到位于亚热带的佛罗里达州。

你的设计专长还能帮助谁呢？你的父母？你的朋友？还是你的宠物？

把你的所有图纸、草图、描好的图、杂志里剪下的参考案例都收集起来。它们可以装在简单的马尼拉文件夹里，也可以放在非常复杂的文件夹里。看以前的资料不仅有趣，还能给你新的灵感。

记住，设计是解决问题和创造力的结合。优秀的建筑设计不仅适用于一栋房子，也适用于一个街区、一座城市，甚至是一个国家。

现在就来设计吧！

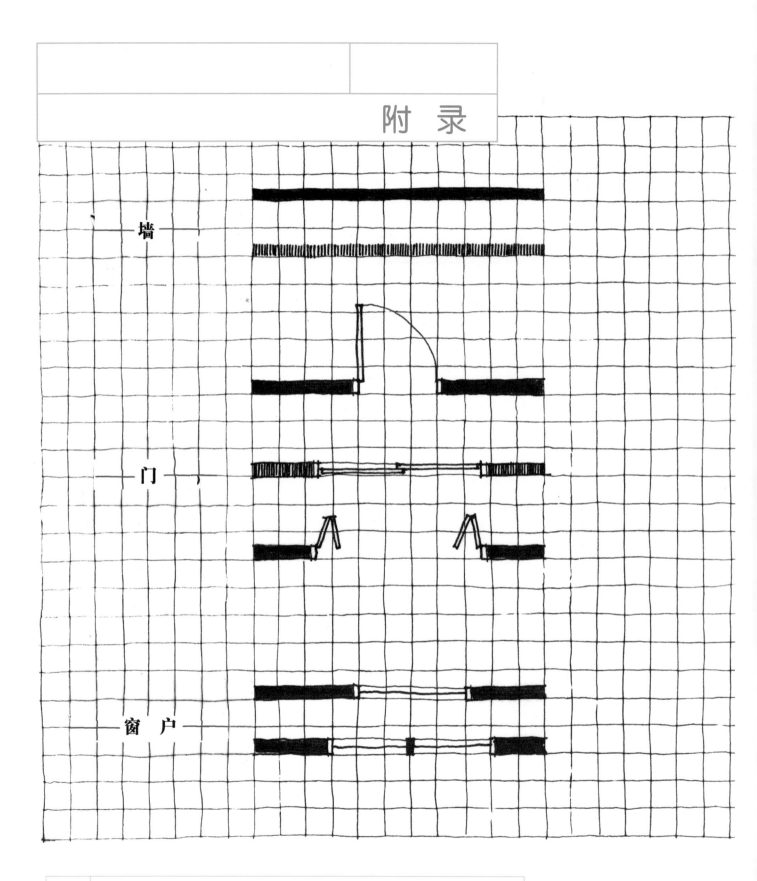

墙

门

窗 户

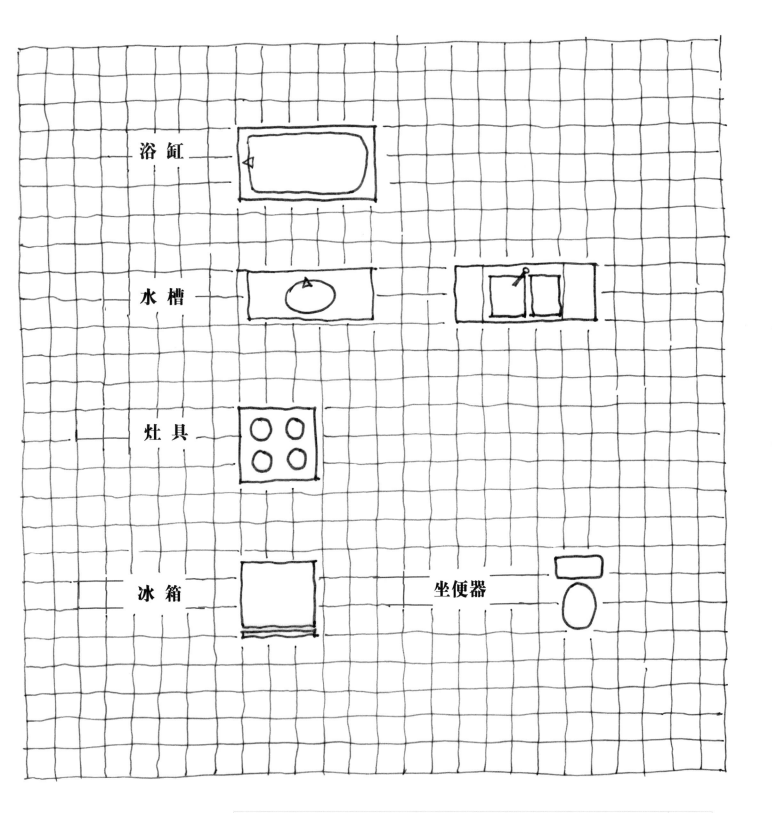

浴 缸

水 槽

灶 具

冰 箱

坐便器

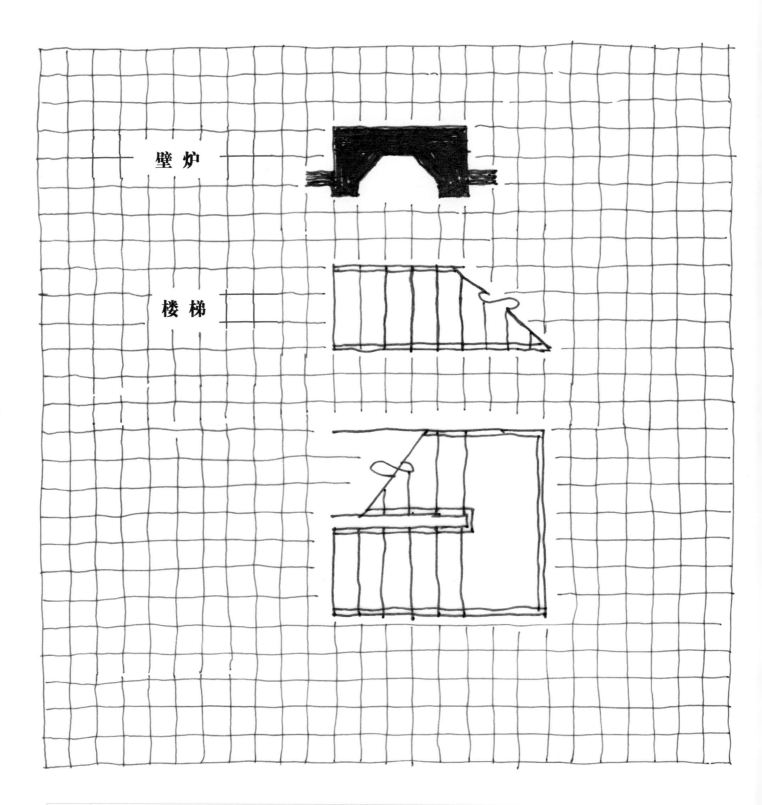

壁炉

楼梯

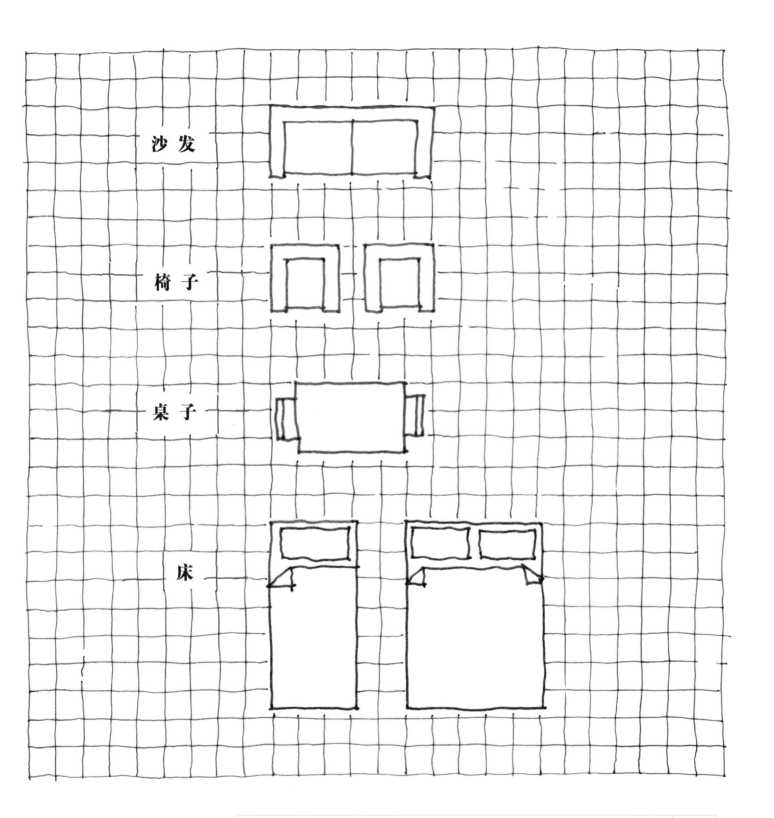

沙发

椅子

桌子

床

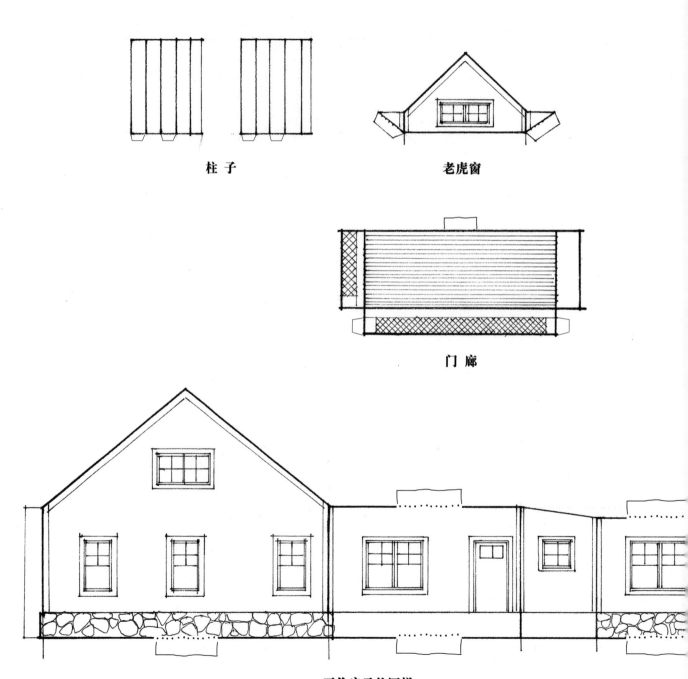

柱 子

老虎窗

门 廊

亚伦房子的图样

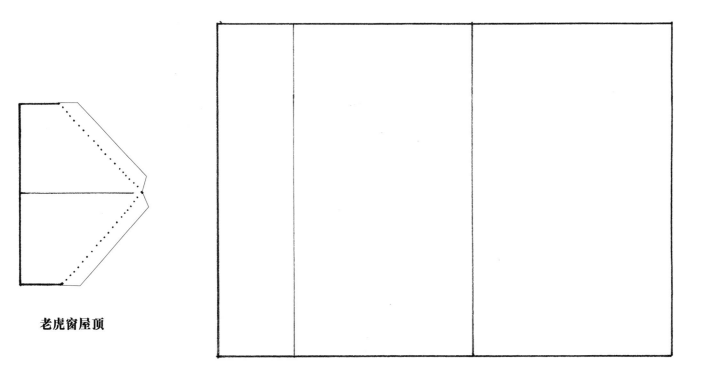

老虎窗屋顶

屋顶

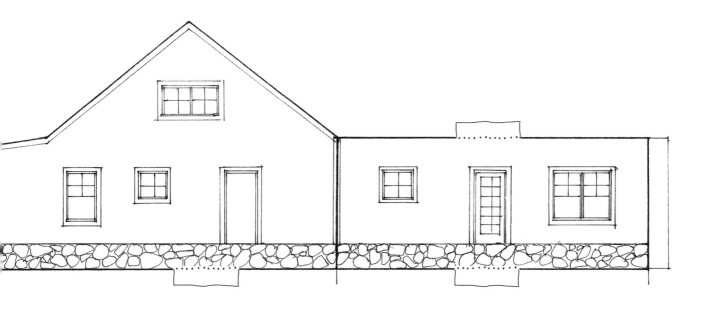

门的常见样式

窗的常见样式

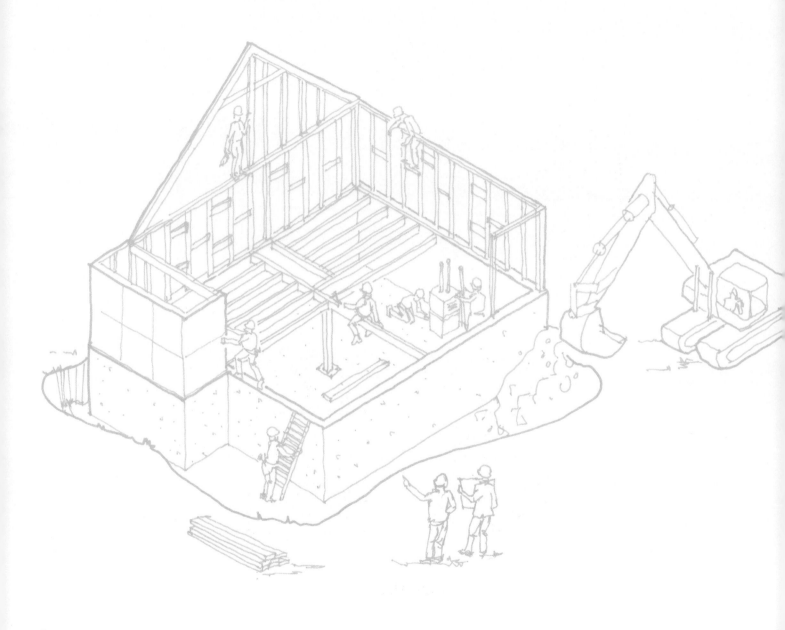